Happy Family

幸福家
简约时尚
Fashion Minimalism

王正悟　编

华中科技大学出版社
http://www.hustp.com
中国·武汉

参与本套丛书编写的有（排名不分先后）：

陶 锟　郭 颖　陈广斌　肖为民　陈风合　刘 杰

张睦晨　林 磊　李亚东　李 跃　黄 杰　区伟勤

图书在版编目（CIP）数据

幸福家 . 简约时尚 / 王正悟编 . —武汉 : 华中科技大学出版社 , 2015.10
ISBN 978-7-5609-8302-8

Ⅰ . ①幸… Ⅱ . ①王… Ⅲ . ①住宅－室内装饰设计 Ⅳ . ① TU241

中国版本图书馆 CIP 数据核字 (2015) 第 218008 号

幸福家 简约时尚

王正悟 编

出版发行：华中科技大学出版社（中国·武汉）
地　　址：武汉市武昌珞喻路 1037 号（邮编：430074）
出 版 人：阮海洪

责任编辑：胡 雪　　　　　　　　　　　　　　　　　　责任监印：秦 英
责任校对：曾 晟　　　　　　　　　　　　　　　　　　美术编辑：李 蜜

印　　刷：北京佳信达欣艺术印刷有限公司
开　　本：965 mm×1270 mm 1/16
印　　张：6
字　　数：48 千字
版　　次：2015 年 10 月第 1 版第 1 次印刷
定　　价：29.80 元

投稿热线：(010)64155588-8000
本书若有印装质量问题，请向出版社营销中心调换
全国免费服务热线：400-6679-118 竭诚为您服务
版权所有 侵权必究

前言 Foreword

整个家居设计中，空间的风格是展现室内个性的轴心，风格对应到了，视觉被满足了，住起来也就舒服多了。而家居风格的不断演变随我们的需求、潮流和生活态度等元素不断变迁着。转化成不同的设计语汇。以几何、直线、弧线等勾勒出的空间框架，透过冷调和暖调材质的互补，家具与装饰画、饰品的搭配，可以高调、也可以内敛，形象包罗万象，每个空间都有了其独一无二的韵味。家的模样就是自我风格与态度的展现。

不论你是喜欢充满温暖，向往阳光与色彩缤纷的美式家居氛围，或者喜欢明亮又简单、理性纯粹的现代风格，还是只用小碎花布点缀的乡村氛围，还是想要体现东方风情的中式风格。不同类型的风格基础元素都有所不同，本套丛书将一一展现各类风格的元素搭配，建材、家具、家饰、灯具，设计师的挑选心法大公开，让您看得懂，学得会！

《幸福家》系列丛书包括了目前最为经典和潮流的风格，分别为：《美式田园》、《木质乡村》、《新中式》和《简约时尚》，书中近100位业主齐声推荐，共计2000张实景图片展示，让您领略整体家居风格的独特气质，解析元素如何搭配到位，轻松找到理想中的"家"。

Contents 目录

漳州君悦黄金海岸

设计公司：台湾大易国际设计事业有限公司
设计师：邱春瑞
项目面积：63平方米
户型：两室两厅

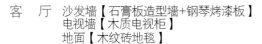

客　厅　沙发墙【石膏板造型墙+钢琴烤漆板】
　　　　电视墙【木质电视柜】
　　　　地面【木纹砖地毯】

餐　厅　墙面【木纹灰大理石】
　　　　地面【木纹砖】

卧　室　墙面【布艺软包】
　　　　地面【实木地板+地毯】

书　房　墙面【浅咖色壁纸】
　　　　地面【实木地板】

餐厅

餐厅

厨房

餐厅

卧室

书房

卧室

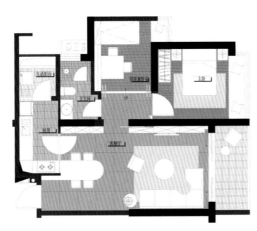

平面布置图

书房

温馨居家

设计公司：张馨室内设计 / 瀚观室内装修设计
设计师：张馨
户型：三室两厅

客厅

客厅

客厅电视墙

餐厅

餐厅

厨房

餐厅

厨房

客厅

衣帽间 1

衣帽间 1

卫浴间

主卧室

书房

书房

休闲室

客　厅　电视墙【白木化石】
　　　　地面【玻化砖+地毯】

餐　厅　地面【玻化砖】

衣帽间1　墙面【有色乳胶漆】
　　　　　地面【玻化砖】

书　房　墙面【有色乳胶漆】
　　　　地面【木地板】

次卧室　墙面【有色乳胶漆】
　　　　地面【木地板】

卫浴间　墙面【瓷砖+钢化玻璃】
　　　　地面【地砖】

次卧室

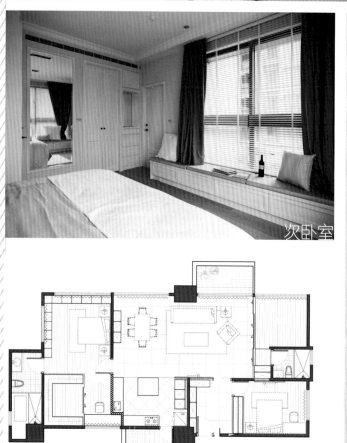

次卧室

衣帽间 2

平面布置图

光谷世界城加州阳光

设计公司：武汉思丽室内设计有限公司
设计师：张文基、卢静、罗晋川
项目面积：98 平方米
户型：两室两厅

客厅

局部

局部

局部

餐厅

餐厅

局部

局部

局部

儿童房

主卧室

主卧室

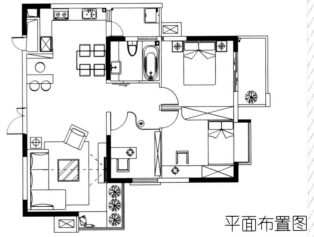

平面布置图

客　厅　沙发墙【木纹砖】
　　　　电视墙【肌理漆】
　　　　地面【亚光砖+地毯】

餐　厅　墙面【镜面玻璃】
　　　　地面【亚光砖】

主卧室　墙面【软包+镜面玻璃】
　　　　地面【满铺地毯】

静逸新贵

设计公司：DOLONG 设计
施工单位：大品专业施工
摄影：金啸文空间摄影
项目面积：146 平方米
户型：三室两厅

客厅

客厅电视墙

客厅

客　　厅　沙发墙【硬包+灰镜】
　　　　　　电视墙【咖色壁纸】
　　　　　　地面【地毯+亚光砖】

餐　　厅　墙面【硬包+灰镜】
　　　　　　地面【亚光砖】

卧　　室　墙面【软包+灰镜】
　　　　　　地面【木纹砖】

客厅

客厅

客厅

原始平面图

平面布置图

次卧室　墙面【咖色壁纸】
　　　　地面【木地板】

餐厅

餐厅

书房

厨房

主卧室

主卧室

次卧室

卫浴间

鸿华尚城 C6 户型

设计公司：东莞市大道艺术装饰工程有限公司
设计师：黄文宪、金芳荣
户型：两室两厅

客厅

餐厅

局部

餐厅

餐厅

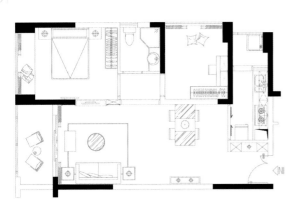

平面布置图

餐厅

儿童房

局部

局部

局部

客　厅　沙发墙【艺术玻璃】
　　　　电视墙【大理石+灰镜】
　　　　地面【雪花白大理石地毯】

餐　厅　墙面【硬包+装饰画】
　　　　地面【雪花白大理石】

儿童房　墙面【印花壁纸+木质搁板】
　　　　地面【木纹砖】

主卧室　墙面【皮革+灰镜】
　　　　地面【木地板】

卫浴间　墙面【瓷砖】
　　　　地面【地砖】

主卧室

主卧室

卫浴间

局部

恋春

设计公司：广州道胜装饰设计有限公司
项目面积：78 平方米
户型：复式

客　　厅　沙发墙【电脑喷画+白色乳胶漆】
　　　　　　电视墙【石膏板造型墙】
　　　　　　地面【木地板】

餐　　厅　墙面【电脑喷画壁纸】
　　　　　　地面【木地板】

儿童房　墙面【壁纸】
　　　　　　地面【木地板】

主卧室　墙面【石膏板造型墙】
　　　　　　地面【雅士复合砖】

书　　房　墙面【灰镜+木质书柜】
　　　　　　地面【木地板】

主卧室

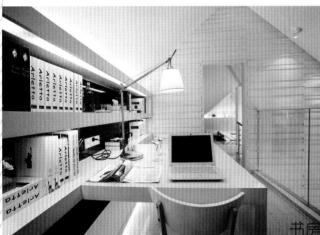

书房

书房

儿童房

惠州中梁 V 城市

设计公司：伊派设计事务所
设计师：段文娟、郑福明
户型：一厅

卧室

卧室、客厅

厨房

卧室、客厅

卧室、客厅

平面布置图

卫浴间

客　　厅　沙发墙【有色乳胶漆+装饰画】
　　　　　地面【木地板+地毯】

卧　　室　墙面【有色乳胶漆+装饰画】
　　　　　地面【木地板+地毯】

卫浴间　墙面【米黄石材】
　　　　　地面【瓷砖】

METOO

设计公司：一空设计事务所
设计师：一空
项目面积：160 平方米
户型：两室两厅

客厅

客厅电视墙

客厅沙发墙

客厅

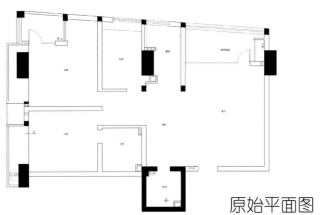

原始平面图

客厅

平面布置图

客厅

餐厅

餐厅

厨房

餐厅

卫浴间

主卧室

书房

次卧室

客　厅　沙发墙【白橡木地板】
　　　　电视墙【天然文化砖】
　　　　地面【亚光砖+地毯】
　　　　顶面【白橡木地板】

餐　厅　顶面【石膏板造型顶+银镜】
　　　　地面【亚光砖】

卫浴间　墙面【陶瓷锦砖贴面】
　　　　地面【瓷砖】

主卧室　墙面【咖色壁纸】
　　　　地面【实木地板】

书　房　墙面【浅色乳胶漆】
　　　　地面【实木地板】

书房

恬静时光

设计公司：北岩设计
项目面积：133 平方米
户型：三室两厅

客厅

局部

局部

餐厅

局部

客　厅　沙发墙【硅藻泥+装饰画】
　　　　电视墙【硅藻泥】
　　　　地面【实木地板】

餐　厅　墙面【硅藻泥】
　　　　地面【实木地板】

主卧室　墙面【硅藻泥+装饰画】
　　　　地面【实木地板】

儿童房　墙面【印花壁纸+装饰画】
　　　　地面【实木地板】

餐厅

主卧室

主卧室

原始平面图

平面布置图

儿童房

悦居

设计公司：北岩设计
项目面积：137 平方米
户型：三室两厅

客厅

客厅沙发墙

客厅电视墙

客厅、餐厅

休闲区

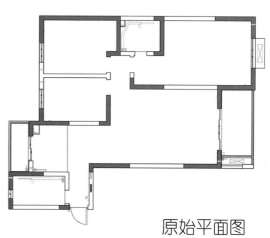
原始平面图

局部

平面布置图

主卧室

次卧室

客　厅　沙发墙【浅色乳胶漆+装饰画】
　　　　电视墙【进口砖】
　　　　地面【瓷砖+地毯】

餐　厅　墙面【浅色乳胶漆】
　　　　地面【瓷砖】

主卧室　墙面【软包+饰面板】
　　　　地面【木地板】

次卧室　墙面【有色乳胶漆】
　　　　地面【木地板】

书　房　墙面【浅色乳胶漆+木质搁板】
　　　　地面【木地板】

江晖景苑郝宅

设计师：黄竹山
户型：三室两厅

客厅

客厅沙发墙

局部

客厅

客厅

客厅

客厅

客厅

餐厅

餐厅

书房

书房

阳台

阳台

阳台

客　厅　沙发墙【咖色壁纸+装饰画】
　　　　电视墙【白色乳胶漆】
　　　　地面【木地板+地毯】

餐　厅　墙面【浅色乳胶漆+装饰画】
　　　　地面【木地板】

书　房　墙面【木质书架】
　　　　地面【木地板】

阳　台　墙面【清玻+不锈钢条+防腐木地板】
　　　　地面【防腐木地板】

主卧室　墙面【壁纸+装饰画】
　　　　地面【木地板】

次卧室　墙面【硅藻泥】
　　　　地面【木地板】

主卧室

儿童房

次卧室

走廊

加减生活

设计公司：黄译设计
设计师：黄译
户型：两室两厅

客厅

客厅

走廊

客厅

餐厅

餐厅

主卧室

次卧室

卫浴间

客　厅　沙发墙【白色乳胶漆+木质搁板】
　　　　电视墙【天然文化砖】
　　　　地面【仿古砖】

餐　厅　墙面【浅色乳胶漆】
　　　　地面【仿古砖】

主卧室　墙面【印花壁纸】
　　　　地面【木地板】

次卧室　墙面【深色印花壁纸】
　　　　地面【木地板】

卫浴间　墙面【木纹瓷砖】
　　　　地面【木纹砖】

福霞小区住家

设计公司：福州合拓装饰工程有限公司
设计师：张礼斌
项目面积：120平方米
户型：三室两厅

客厅

客厅

走廊

客厅

门厅

客厅

门厅

餐厅

餐厅

餐厅

厨房

客　　厅　沙发墙【雪弗板雕刻+石膏板造型墙】
　　　　　电视墙【雪弗板雕刻】
　　　　　地面【木地板】

门　　厅　墙面【砂岩背景墙】
　　　　　地面【木地板】

餐　　厅　墙面【印花壁纸+仿古砖】
　　　　　地面【仿古砖】
　　　　　顶面【印花壁纸+木线条镶边】

书　　房　墙面【硅藻泥+清玻+装饰画】
　　　　　地面【木地板】

主卧室　墙面【印花壁纸】
　　　　　地面【木地板】

书房

书房

局部

主卧室

主卧室

主卧室

主卧室

次卧室

卫浴间

平面布置图

次卧室

花里林居

设计师：郑福明
项目面积：110平方米
户型：三室两厅

客厅

客厅

休闲室

餐厅

餐厅

卫浴间

卫浴间

客　　厅　沙发墙【隔断墙】
　　　　　电视墙【浅色乳胶漆+装饰画】
　　　　　地面【亚光砖】

餐　　厅　墙面【有色乳胶漆+墙面装饰】
　　　　　地面【亚光砖】

书　　房　地面【木地板】

次卧室　墙面【浅色乳胶漆】
　　　　地面【木地板】

主卧室　墙面【印花壁纸+装饰画】
　　　　地面【木地板】

书房

书房

次卧室

主卧室

主卧室

主卧室

九龙仓时代小镇

硬装设计：多维设计事务所
软装设计：诺特国际软装
设计师：张晓莹、范斌
项目面积：70 平方米
户型：两室两厅

客厅

局部

局部

餐厅

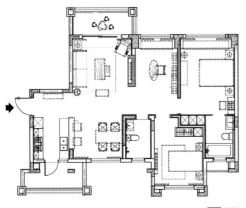

平面布置图

卧室

书房

客　　厅　沙发墙【有色乳胶漆】
　　　　　电视墙【茶镜+人造石】
　　　　　地面【木纹砖+地毯】

餐　　厅　墙面【木饰面板】
　　　　　地面【木纹砖】

卧　　室　墙面【有色乳胶漆+装饰画】
　　　　　地面【木地板】

书　　房　墙面【皮革】
　　　　　地面【木纹砖+地毯】

梧桐城邦

设计公司：上海缤视室内装饰设计有限公司
设计师：赖仕锦、黄文彬
项目面积：180平方米
户型：复式

客厅

休闲室

厨房

客厅

书房

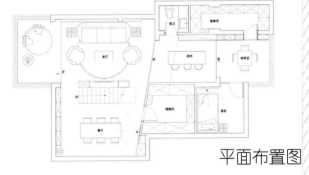

平面布置图

客　厅　沙发墙【印花壁纸】
　　　　电视墙【皮质硬包】
　　　　地面【瓷砖拼贴】

休闲室　墙面【防腐木】
　　　　地面【防腐木】

厨　房　墙面【瓷砖】
　　　　地面【瓷砖拼贴】

书　房　墙面【浅色乳胶漆】
　　　　地面【瓷砖拼贴】

餐　厅　墙面【护墙板】
　　　　地面【瓷砖拼贴】

餐厅

楼梯厅

楼梯厅

吧台

卫浴间

白色踪迹

设计师：朱国庆
户型：一室两厅

客厅

客厅

客厅

餐厅

客厅

客厅

餐厅

餐厅

卧室

卧室

客　厅　沙发墙【天然文化砖+木质搁板】
　　　　电视墙【木饰面板】
　　　　地面【木地板】

餐　厅　墙面【石膏板造型墙+暗藏光源】
　　　　地面【地砖】

卧　室　墙面【印花壁纸】
　　　　地面【木地板】
　　　　顶面【壁纸】

现代美居 原色生活

设计公司：宽北设计机构
设计师：木水
项目面积：110平方米
户型：两室两厅

客厅

客厅

客厅

客厅

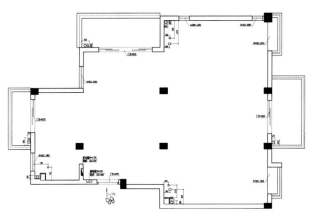
原始平面图

客厅

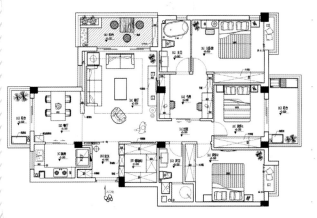
平面布置图

客厅

餐厅

餐厅

餐厅

厨房

客　厅　沙发墙【浅色乳胶漆】
　　　　电视墙【水曲柳染色+浅色乳胶漆】
　　　　地面【复合木地板】

餐　厅　墙面【浅色乳胶漆+装饰画】
　　　　地面【亚光砖】

厨　房　墙面【瓷砖】
　　　　地面【瓷砖】

主卧室　墙面【浅色乳胶漆+装饰画】
　　　　地面【木地板】

次卧室　墙面【浅色乳胶漆+装饰画】

主卧室

主卧室

次卧室

书房

卫浴间

卫浴间

新雅皮士

设计公司：广州尚逸装饰装饰设计有限公司
设计师：王赟、王小峰
户型：四室两厅

客厅

客厅

局部

餐厅

客厅

餐厅

休闲室1

卫浴间

次卧室

客　　厅　沙发墙【条纹壁纸+装饰画】
　　　　　电视墙【皮质硬包+镜钢】
　　　　　地面【亚光砖+地毯】

餐　　厅　墙面【皮质硬包】
　　　　　地面【亚光砖】

休闲室1　墙面【有色乳胶漆+装饰画】
　　　　　地面【亚光砖+地毯】

休闲室2　墙面【有色乳胶漆】
　　　　　地面【亚光砖】

主卧室　墙面【有色乳胶漆+装饰画】

次卧室　墙面【有色乳胶漆+装饰画】

休闲室2

主卧室

次卧室

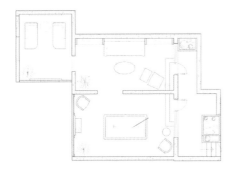

一层平面布置图

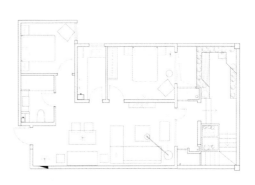

二层平面布置图

肇庆新世界

设计公司：韦格斯杨设计有限公司
项目面积：174 平方米
户型：三室两厅

客厅

卫浴间

餐厅

主卧室

主卧室

平面布置图

客　　厅　沙发墙【木饰面板+灰镜】
　　　　　　地面【瓷砖+地毯】

餐　　厅　墙面【木饰面板+银镜】
　　　　　　地面【瓷砖】

卫浴间　墙面【米黄石材】
　　　　　　地面【米黄石材】

次卧室　墙面【白色乳胶漆+装饰画】
　　　　　　地面【木地板】

主卧室　墙面【绒面软包+装饰画】
　　　　　　地面【木地板+地毯】

次卧室

某住宅

设计公司：伊派设计事务所
户型：三室两厅

客厅

局部

客厅

客厅

餐厅

餐厅

局部

次卧室

儿童房

儿童房

客　　厅　　沙发墙【浅色壁纸+装饰画】
　　　　　　电视墙【硬包】
　　　　　　地面【大理石+地毯】

餐　　厅　　墙面【浅色壁纸+装饰画】
　　　　　　地面【大理石】

次卧室　　墙面【浅色壁纸+装饰画】
　　　　　　地面【木地板+地毯】

儿童房　　墙面【乳胶漆+装饰画】
　　　　　　地面【木地板+地毯】

主卧室　　墙面【硬包+木饰面板+不锈钢装饰条】
　　　　　　地面【木地板+地毯】

主卧室

主卧室

卫浴间

宁波学府一号

设计公司：宁波西泽装饰设计工程有限公司
设计师：林卫平
户型：两室一厅

客厅

客厅 餐厅

餐厅

餐厅

平面布置图

书房

卫浴间

卧室

书房

卧室

走廊

客　厅　沙发墙【白色乳胶漆+装饰画】
　　　　电视墙【白色乳胶漆】
　　　　地面【木纹砖+地毯】

餐　厅　墙面【白色乳胶漆+装饰画】
　　　　地面【木纹砖】

书　房　墙面【白色乳胶漆】
　　　　地面【木纹砖】

卫浴间　墙面【瓷砖】
　　　　地面【瓷砖】

卧　室　墙面【白色乳胶漆+墙面装饰】
　　　　地面【木纹砖+地毯】

某住宅

设计公司：成都多维设计事务所
设计师：张晓莹
户型：两室两厅

客厅

客　厅　沙发墙【浅色壁纸+镜面装饰+装饰画】
　　　　电视墙【木质装饰柜】
　　　　地面【木地板+地毯】

餐　厅　墙面【浅色壁纸+木质搁板】
　　　　地面【木地板】

儿童房　墙面【条纹壁纸+儿童风格壁纸】
　　　　地面【满铺地毯】

衣帽间　墙面【条纹壁纸】
　　　　地面【满铺地毯】

主卧室　墙面【硬包+装饰画】
　　　　地面【木地板+地毯】

卫浴间　墙面【陶瓷马赛克】
　　　　地面【瓷砖】

客厅

客厅

餐厅

平面布置图

餐厅

儿童房

主卧室

衣帽间

卫浴间

中源名苑 35 号

设计公司：广州 J2 设计顾问有限公司
户型：两室两厅

客厅

局部

局部

客　厅	沙发墙【石膏板造型墙+灰镜】 电视墙【木饰面板+石膏板造型墙】 地面【瓷砖+地毯】
主卧室	墙面【暗色印花壁纸】 地面【瓷砖+地毯】
次卧室	墙面【银镜+石膏板造型墙】 地面【瓷砖+地毯】
卫浴间	墙面【艺术玻璃】 地面【瓷砖】

主卧室

主卧室

卫浴间

卫浴间

次卧室

次卧室

恬静

设计师：董龙、颜旭
户型：三室两厅

客厅

客厅电视墙

客厅沙发墙

局部

餐厅

洗手间

餐厅 厨房

餐厅

洗手间

餐厅

卫浴间

客　厅　沙发墙【印花壁纸+装饰画+木线条装饰】
　　　　电视墙【浅啡网纹大理石】
　　　　地面【米黄石材】

餐　厅　墙面【木饰面板】
　　　　地面【米黄石材】

洗手间　墙面【艺术玻璃+陶瓷锦砖拼贴】

卫浴间　墙面【瓷砖】
　　　　地面【瓷砖】

主卧室

原始平面图

平面布置图

次卧室

主卧室　墙面【印花壁纸+木线条装饰】
　　　　地面【实木地板】

次卧室　墙面【有色乳胶漆】
　　　　地面【实木地板】

阿尔卡迪亚

设计公司：宇泽设计工作室
设计师：肖为民
项目面积：137 平方米
户型：四室两厅

客厅

客厅电视墙

客厅沙发墙

客厅

客厅

客厅

走廊

餐厅

餐厅

餐厅

厨房

客　　厅　沙发墙【奥松板饰面】
　　　　　　电视墙【暗色印花壁纸】
　　　　　　地面【实木地板】

餐　　厅　墙面【雪弗板雕刻+条纹壁纸】
　　　　　　地面【实木地板】
　　　　　　顶面【雪弗板雕刻+条纹壁纸】

厨　　房　墙面【瓷砖】
　　　　　　地面【瓷砖】

卧　　室　墙面【有色乳胶漆+印花壁纸】
　　　　　　地面【实木地板】

卫浴间　墙面【瓷砖】
　　　　　　地面【瓷砖】

卧室

卫浴间

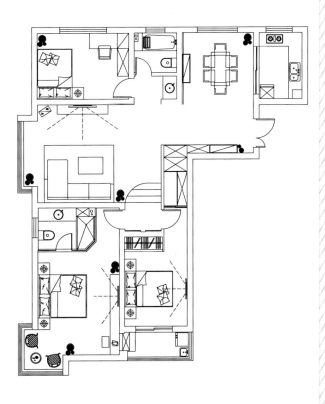

平面布置图

泰岳金河

设计师：李文彬
项目面积：118平方米
户型：三室两厅

客厅

客厅

客厅

餐厅

餐厅

餐厅

客　　厅　墙面【条纹壁纸+装饰画】
　　　　　地面【地砖+地毯】

餐　　厅　墙面【壁纸+木质搁板】
　　　　　地面【地砖】

卧　　室　墙面【有色乳胶漆+印花壁纸】
　　　　　地面【实木地板】

阳　　台　墙面【白色乳胶漆+装饰画】
　　　　　地面【豹纹地毯】

卧室

书房

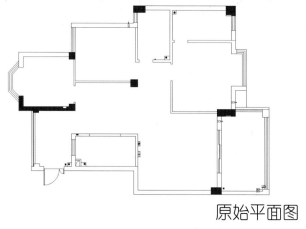

原始平面图

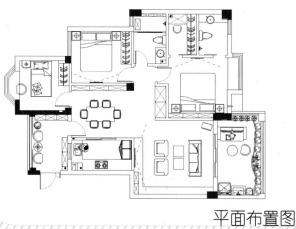

平面布置图

阳台